Wo der Rauhfußkauz ruft

Das geheimnisvolle Leben der Tiere im Naturpark Solling-Vogler

Verlag Jörg Mitzkat Holzminden, 1999

Wo der Rauhfußkauz ruft

Das geheimnisvolle Leben der Tiere im Naturpark Solling-Vogler

Ein Fotobuch von Jürgen Borris
mit Texten von Birgit Czyppull

Herausgegeben vom Naturpark Solling-Vogler

Die Deutsche Bibliothek - CIP-Einheitsaufnahme
Wo der Rauhfußkauz ruft : das geheimnisvolle Leben der Tiere im Naturpark Solling-Vogler : ein Fotobuch / von Jürgen Borris. Mit Texten von Birgit Czyppull. Hrsg. vom Naturpark Solling-Vogler. - Holzminden : Mitzkat, 1999

ISBN 3-931656-21-7

Zuwendung aus Mitteln des Prämienspar-Zweckertrages
NORD/LB
NORDDEUTSCHE LANDESBANK
BRAUNSCHWEIGISCHE LANDESSPARKASSE

NIEDERSÄCHSISCHE LOTTOSTIFTUNG
Gefördert durch Erträge der Umweltlotterie
BINGO LOTTO
die Umweltlotterie in N3

Herausgeber: Zweckverband Naturpark Solling-Vogler

Gestaltung: Jörg Mitzkat
Druck: Werbedruck Lönneker Stadtoldendorf

Inhalt

Erst wenn sich der Tag im Naturpark dem Ende neigt, läßt der Rauhfußkauz seinen eigentümlichen Ruf ertönen. Oft bei Mondschein und Windstille hört man seinen Balzgesang bis tief in die Nacht hinein. Vor allem in der kälteren Jahreszeit bis zum Frühjahr können Sie mit etwas Glück den Rauhfußkauz im Naturpark rufen hören.

Vorwort

Ausgedehnte Wälder, sanfte Wiesentäler, klare Bäche und urtümliche Moore, schmale Bergrücken, steile Hänge und tief eingeschnittene Täler. Streuobstbestände, Trockenrasen und Hecken. Das ist die Landschaft des Naturparks Solling-Vogler im Herzen des Weserberglandes gelegen, von faszinierender Vielfalt, Eigenart und Schönheit.

Hier ruft der Rauhfußkauz, ziehen Wildschweine und Rehe durch die weitläufigen Wälder, erklingt das glasklare Lied des Rotkelchens. Und im Herbst verkündet der schaurig-schöne Brunftschrei des „Königs der Wälder", des Rothirsches, von der Urgewalt und Kraft, vom Willen der Natur zum Überleben.

Die natürliche Wiederbesiedlung des Naturparks durch einst ausgestorbene Tierarten wie Schwarzstorch und Wildkatze, erfüllt die Menschen mit Stolz. Ist die Rückkehr dieser Arten doch ein Indiz dafür, daß sich auch in einer Kulturlandschaft Nutzung und Schutz der Natur in Einklang bringen lassen.

Die erstaunlich vielfältige Tierwelt des Naturparks Solling-Vogler hat der Tierfotograf Jürgen Borris in faszinierenden Fotos festgehalten. Die umfangreiche Sammlung seiner Fotos umfaßt neben spektakulären Aufnahmen von röhrenden Hirschen auch versteckt lebende Tiere, die nur selten jemand zu Gesicht bekommt, — die erst entdeckt werden wollen.

Lebendig und liebevoll geschriebene Texte der Landschaftsplanerin Birgit Czyppull ergänzen die eindrucksvollen Aufnahmen. In harmonischer Symbiose von Bild und Text werden die verschiedenen Tiere im Buchen- und Eichenwald, im Wiesental und am Bach sowie im Hochmoor und an Siedlungsrändern vorgestellt. Anschaulich beschreibt die Autorin die Lebens- und Verhaltensweisen der Tiere und greift auch Mythen, Märchen und Sagen auf.

Der Zweckverband Naturpark Solling-Vogler ist bestrebt, eine Vorbildlandschaft zu entwickeln, in der eine nachhaltige Erholungsnutzung möglich ist. Zur Erlebnisqualität und damit zum Erholungswert dieser Landschaft trägt die artenreiche und faszinierende Tierwelt entscheidend bei. Der Blick und die Wertschätzung für die Tiere unserer Heimat soll durch dieses Buch geschärft werden.

Herausgeber, Fotograf und Autorin laden Sie, die Sie hier leben oder den Naturpark besuchen, ein, das „geheimnisvolle Leben der Tiere vor der Haustür" selber zu entdecken und zu erleben.

Neuhaus im Solling, im April 1999

(Klaus-Volker Kempa)
Vorsitzender des Zweckverbandes Naturpark Solling-Vogler

Leben im Fichtenwald:

Nachtschwärmer und der König der Wälder

Ohne den Anblick der schneebedeckten Fichtenwälder im Winter wären Solling und Vogler kaum vorstellbar. Das Bild der charakteristischen Waldlandschaft wird mit immergrünen Kronen und weit ausgedehnten Fichtenreinbeständen verbunden. Das war jedoch nicht immer so: Erst um 1800 brachte der Mensch die Fichte in die Wälder des Naturparks. Auf den jahrhundertelang durch Waldweide und verschiedenste Holznutzungen verwüsteten Flächen bewährte sich die Fichte als Pioniergehölz durch rasches Keimen und gutes Wachstum. Dazu kam ihre hohe wirtschaftliche Überlegenheit gegenüber den Laubhölzern, die sich in starken Wuchsleistungen und besseren Stammholzqualitäten äußerte. So hielt die Fichte einen vermeintlich siegreichen Einzug. In diesem Jahrhundert mußten die Förster — durch zahlreiche Katastrophen wie Windwurf, Schneebruch oder massenhaften Borkenkäferbefall — vor dem Reinbestand der Fichte kapitulieren. In Zukunft werden Mischwälder das Bild des Naturparks bestimmen.
Aber auch der vom Menschen geschaffene Fichtenwald bietet inzwischen zahlreichen spezialisierten Tieren einen Lebensraum.

Von Einwanderern und Auswanderern

Durch die Ausbreitung der Fichte gelang es vielen Tieren in die Wälder des Sollings und Voglers einzuwandern. Vor allem typische Nadelwaldvögel, wie Tannenhäher, Fichtenkreuzschnabel und Tannenmeise fanden schnell den Weg in die Fichtenwälder. Kaum zu entdecken wäre der schwarze, etwa dohlengroße Vogel mit dem roten Scheitel in dem dunklen Fichtenwald, würde er sich nicht von Zeit zu Zeit selber mit einem langgezogenen, metallisch klingendem und weit durch den Wald tönenden Warnruf verraten. Der Schwarzspecht — er wanderte erst im 19. Jahrhundert in die Wälder des Naturparks ein.

Links: Im Winter bilden die schneebedeckten Fichten einen märchenhaften Anblick und einen schönen Kontrast zu den winterkahlen Laubwäldern.

Der Rauhfußkauz bevorzugt verlassene Schwarzspechthöhlen als Nistplatz. Erst in den 80er Jahren hat die Fachwelt anerkannt, daß der Rauhfußkauz im Solling vorkommt.

Oben: Eng an den Stamm gedrückt verbringt der Rauhfußkauz den Tag im Schutz der Fichte. In den frühen Abendstunden taucht er häufig zur Jagd im Buchenwald auf.

Unten: Der Ruf des Sperlingskauzes ähnelt einem melodischen Pfiff.

Rechts: Eine Waldohreule in ihrem Schlafbaum. Sie jagt zum Teil allein mit dem Gehör. Unter dichtem Gras „stöbert" sie Mäuse auf. Mitsamt dem ausgerissenen Gras und der Maus sieht man sie in der Dämmerung davonfliegen.

Der Rauhfußkauz gehört ebenfalls zu den heimlicher lebenden Tieren des Fichtenwaldes. Um ihn zu Gesicht zu bekommen, gehört schon eine gehörige Portion Glück dazu. Der typische Bewohner nordischer Nadelwälder ist überwiegend nachtaktiv. Tagsüber versteckt er sich gerne in dichten Nadelwaldbeständen. Die kräftigen Füße, mit denen er vor allem kleine Säuger erbeutet, sind bis dicht an die Krallen befiedert. Sein Balzruf ist im Winter und Frühjahr am intensivsten — auch ihn läßt er jedoch immer nur nachts ertönen.
Die kleinste aller europäischen Eulen, den Sperlingskauz können Sie mit viel Glück bei der Jagd nach Nagetieren und Singvögeln beobachten. Er jagt tagsüber und in offenerem Gelände, ist allerdings ein sehr seltener Vogel geworden. Mit seinem buntspechtartigen Flug sieht man ihn zwischen seinem Nistplatz in den Wäldern — meist verlassenen Spechthöhlen — und kleineren Lichtungen oder Moorrändern auf der Suche nach Beute lautlos hin- und herfliegen.
Eine Waldohreule späht aus dem dichten Nadelgestrüpp — offensichtlich in ihrer Tagesruhe aufgeschreckt — zu den Störenfrieden hinüber. Frühestens in der Abenddämmerung wird sie ihre wohlverdiente Ruhephase aufgeben, um sich die ganze Nacht bis in die frühen Morgenstunden hinein der Nahrungssuche zu widmen. Ihre auffällig orangeroten Augen, dazu die langen, im Flug und Ruhezustand jedoch angelegten Federohren machen eine Verwechslung mit den anderen Waldeulen unmöglich. Vom Uhu unterscheidet sich die bis zu 40 Zentimeter große Eule durch den deutlichen Größenunterschied — der Uhu ist etwa doppelt so lang und etwa zehnmal so schwer. Die Waldohreule nistet gerne in verlassenen Krähen-, Elsternoder auch Greifvögelnestern in dichten Nadelmischwäldern. Das Weibchen ist zunächst alleine mit der Brutpflege beschäftigt — vom fürsorglichen Partner wird sie während der Zeit jedoch mit Nahrung versorgt. Sind die Jungen da, gehen beide Elternteile in offenerem Gelände, wie im Rumohrtal, auf Beutezug nach Mäusen und Vögeln.

Bunte Vielfalt

Ein ständiges Brummen und Summen, ein Schwirren und Wirren im bunten Blütenteppich — das kann doch nicht mitten im dunklen Fichtenwald sein? Auf den durch Windwurf, Schneebruch oder Kahlschlag entstandenen Flächen der Fichtenwälder konnte sich eine ganz besondere Tier- und Pflanzenwelt einstellen. Die konkurrenzstarken Bäume sind gewichen, schon kurze Zeit später bildet sich eine typische Schlagflora aus. Neben Fingerhut und Schmalblättrigem Weidenröschen sind es vor allem die Disteln, die die kahlen Flächen im Sommer in ein rosafarbenes Blütenmeer verwandeln. Die Luft ist erfüllt vom Brummen der Bienen und Schwirren der farbenprächtigen Schmetterlinge.

Eine Erdhummel kommt angeflogen, um sich am süßen Nektar des Fingerhutes zu laben. Durch ihre pelzige Behaarung gegen Kälte geschützt, fliegen die Hummeln auch im zeitigen Frühjahr bei kalter Witterung. Für die Bestäubung frühblühender Pflanzen sind sie daher äußerst wichtig.

Die Erdhummel nistet meist tief im Erdreich. Die allein überwinternden Königinnen bauen sich im Frühjahr in Hohlräumen ein Nest aus Pflanzenteilen und Wachs. Danach werden Pollen und Nektar zu sogenanntem Larvenbrot, kleinen Klumpen, die mit Eiern belegt werden, verarbeitet. Bald darauf schlüpfen die ersten kleinen Hummeln. Es sind nur Arbeiterinnnen, die dem Weibchen bei der Vergrößerung des Nestes und der weiteren Brutpflege behilflich sind. Erst im Herbst schlüpfen Geschlechtstiere, die ausschwärmen und deren befruchtete Weibchen im nächsten Frühjahr für die nächste Generation Hummeln sorgen.

Von weither kommt ein Schmetterling geflogen, den wir als häufigen Distelpflanzenbesucher kennen. Der Distelfalter als ausgesprochener Wanderfalter trifft aus dem fernen Süden kommend — vom Mittelmeer und sogar aus Nordafrika — ab Mai bei uns ein. Die oft kleineren, blasseren Individuen aus Nordafrika treffen meist als erste ein, kurze Zeit später gelangen die far-

Links oben: Der Fingerhut gehört zu den typischen Pflanzen einer Schlagflora.

Links unten: Eine Schwebfliege an einer Distelblüte.

Oben: In die Blüten des Fingerhutes müssen Hummeln tief hineinkriechen, um an den Nektar zu gelangen.

Rechts: Auch das Weidenröschen gehört zu den ersten Besiedlern von Schlagfloren.

benprächtigeren und größeren Distelfalter aus dem Mittelmerraum in unsere Breiten. Als Futterpflanze nutzt der Falter — entgegen seiner Namensgebung — allerdings am liebsten die Brennessel. Hier legt er seine Eier ab, aus denen bald massenhaft kleine Raupen schlüpfen, die Sie von Juni bis August beim gierigen Fressen beobachten können. Sie müssen sich beeilen, denn vor der großen Rückwanderung muß ihre Entwicklung — Verpuppung und Metamorphose zum Schmetterling — abgeschlossen sein, damit sie als flugfähige Falter im Süden überwintern können.

Links: Der scheue Kolkrabe mit einer Länge von über einem halben Meter besiedelt die Fichtenwälder des Naturparks seit einiger Zeit wieder. Der größte unserer Singvögel macht sich besonders durch seine weit durch den Wald tragenden Rufe „kroap-kroap" bemerkbar.

Die Rabenkrähen, die wesentlich kleiner als Kolkraben sind, finden Sie eher in der Nähe von menschlichen Siedlungen.

Nicht nur das Stehlen, sondern auch manch Böses wird in vielen Fabeln und Versen den Rabenvögeln nachgesagt:

Ein Rab entwandte
hier und da
so viel er konnte:
Geld und Ringe,
Band, Ohrgehäng
und hundert
andre Dinge.
Als dies der klügre
Haushahn sah,
so fragt er ihn: Ich bitte,
sage mir, wozu nützt
doch dies alles dir?
Das weiß ich selbst nicht,
sprach der Rabe,
ich nehm es nur,
damit ich' s habe.

Majestätisch, mit hoch erhobenem Kopf tritt ein Hirsch aus dem dichten Fichtenbestand auf die Waldlichtung hinaus. Es ist Mitte September, und die fünfte Jahreszeit im Naturpark — die Brunftzeit des Rotwildes — hat begonnen. Etwa vier Wochen anstrengendes Umkämpfen der so begehrten weiblichen Tiere liegen vor den mit gewaltigen Geweihen geschmückten Hirschen.

Die Hirsche sind in dieser Zeit unruhig, wechseln auch am Tage zwischen den Einständen und den Brunftplätzen hin und her und vernachlässigen die Äsung und ihre sonstige Vorsicht. Sie sind auf der Suche nach brunftigen Schmal- und Alttieren, die sie zu einer Art Harem zusammentreiben. Möglichst viele muß ein Hirsch zusammenhaben, um zahlreiche eigene Nachkommen zu schaffen.

Keine leichte Aufgabe ist das für den mächtigen Hirsch, gibt es doch immer wieder Mitstreiter, die ihm seine Rolle als Platzhirsch und damit als Vater der zukünftigen Generation abspenstig machen wollen. Mit lauten Brunftschreien, die in der Dämmerung und nachts sehr eindrucksvoll durch den Wald schallen, versucht er zunächst die Konkurrenten einzuschüchtern, so als wolle er sagen: „Hier ist mein Revier, das sind meine Frauen, hau ab!“ Der Rivale läßt es meist erst einmal auf einen „Kampf der Stimmen und der Gebärden“ ankommen: Immer näher kommen sich die beiden männlichen Tiere, immer heftiger wird das sich abwechselnde Brüllen der beiden. Langsam aufeinander zuschreitend, dann wieder stehen bleibend und sich abschätzend, setzten sie ihr Ritual — ständig durch lautes Röhren unterbrochen — fort.

Links: In der Brunft treten die Hirsche oft schon vor Einbruch der Dunkelheit auf die Lichtungen hinaus, um ihre gewaltigen Brunftschreie ertönen zu lassen.

Ein Widersacher ergreift die Flucht.

Zuweilen, wenn ein gleich starker Hirsch zuwandert, kommt es zu richtigen Kämpfen. Beide Hirsche gehen dabei mit voller Wucht aufeinander los, mit gesenkten Geweihen prallen sie gegeneinander. Laut tönen die Geräusche der aufeinanderstoßenden Geweihe durch den Wald. Selten zieht sich ein Tier dabei ernsthafte Verletzungen zu, meist ergreift der Schwächere bald die Flucht und der Sieger wendet sich triumphierend seinem Rudel zu.

Nach einigen Wochen ist alles wieder vorbei und in stiller Eintracht sieht man die Hirsche wieder miteinander umherziehen. Nach der energieraubenden Brunftzeit müssen sie jetzt Kraft schöpfen, um die kalte Jahreszeit gut zu überstehen.

Links oben: Das weibliche Rotwild wird als Kahlwild bezeichnet.

Links unten: Ein röhrender Hirsch mit seinem Harem.

Ein röhrender Hirsch nähert sich seinem Konkurrenten. Kämpfe zwischen zwei Hirschen sind jedoch selten. Meist bleibt es beim lautstarken Röhren.

Mit seiner Brunftmähne bietet der Hirsch einen imposanten Anblick.

Die Nahrung des Rotwildes besteht aus Gräsern, Kräutern und den grünen Teilen der Pflanzen, wie kleineren Ästen, frischen jungen Zweigen, Blättern und Früchten.

Das Rotwild kann starke wirtschaftliche Schäden im Fichtenwald anrichten. Beim Schälen, dem Abtrennen und Fressen der Rinde von Bäumen, werden die Stämme erheblich beschädigt. Diese Verletzungen können, wenn sie rund um den ganzen Stamm gehen, zum Absterben der Bäume führen. Wird nur ein Teil des Stammes geschält, so bildet sich von außen her ein Wundverschluß, der zwar das Überleben des Baumes für eine gewisse Zeit sichert, jedoch nur ungenügend gegen die eindringende Fäulnis schützt und aus forstwirtschaftlicher Sicht den Baum wertlos macht.

Eine alte Volksweisheit macht deutlich, wie beeindruckt die Menschen schon von jeher vom Röhren der Hirsche sind:

„Wie gut, daß in der
Liebe Pein
die Menschen nicht
wie Hirsche schrein."

Links: Das Geweih der Hirsche ist ein im Frühjahr wachsendes, sich im Laufe des Alters vergrößerndes Knochengebilde, was jedes Jahr wieder abgeworfen wird. Erst im Hochsommer wird der Bast, unter dem das Geweih gewachsen ist, ab„gefegt". Im Februar des nächsten Jahres wird das Geweih dann wieder abgeworfen, um dem nächstgrößeren Platz zu machen.

Ein von Hirschen geschälter Baum weist häufig erhebliche Schäden auf.

Ein Familienverband weiblicher Tiere mit Alttier, Schmaltier (vorjähriges Jungtier) und Kalb.

Die Krautschicht in den von Sandstein geprägten Buchenwäldern des Sollings und Voglers ist eher dürftig. Überwiegend säurezeigende und schattenertragende Gräser, wie die Hainsimse können sich ansiedeln. Sie ist die namengebende Art der häufig vorkommenden artenarmen Hainsimsen Buchenwälder.

Rechts: Im Schatten der Buchen und im Schutz des Adlerfarns verbringen Hirsche, wie dieser hier in einem Buchenbestand bei Neuhaus, ihre Ruhephase.

Leben im Buchenwald:

Der Zimmermann des Waldes und die leisen Gefährten

Wie eine große Halle erscheint der Buchenaltholzbestand auf der Bergkuppe. Schier endlos ziehen sich die grünlichgrauen, glatten Stämme der Buchen als tragende Säulen der Halle. Dunkel und wie leergefegt wirkt der Raum, in dem unser Auge nach Abwechslung sucht. Nur einzelne Lichtstrahlen erhellen hin und wieder den Waldboden und lassen dort im Sonnenlicht die ganz jungen Buchen auftauchen. Ein Stück weiter talabwärts, das Gelände fällt hier steiler ab, gesellen sich zu den Buchen einige Eichen, Hainbuchen sowie Haselnuß, Salweide und Birke. Unten aus dem Tal klingt das Plätschern von Wasser zu uns herauf. Von vielen kleinen und größeren Quellen gespeist, schlängelt sich der Hasselbach durch die angrenzenden Wiesen und Erlenbestände.
Die Buchenwälder von Solling und Vogler sind geprägt durch das atlantisch beeinflußte Klima und das saure Ursprungsgestein, auf dem sie wachsen. Aufgrund dieser Wuchsbedin-

gungen ist die Buche gegenüber anderen Baumarten äußerst konkurrenzstark und schafft es auf den meisten Flächen, sich gegen die anderen Bäume durchzusetzen. Die Folge sind häufig reine Buchenbestände. Die Krautschicht dort ist eher dürftig. Nur wenige spezialisierte Krautpflanzen und Gräser überleben auf diesen nährstoffarmen Standorten unter dem fast geschlossenen Kronendach eines dichten Buchenbestandes. Buchenwälder können aber auch anders aussehen. Artenreichere Mischbestände mit Vogelbeere, Haselnuß, Holunder oder Birke sind vor allem in den jüngeren Entwicklungsstadien eines Buchenwaldes zu finden. Auf einigen Standorten im Naturpark können aufgrund besserer Nährstoffversorgung, Wasserhaushalt und Durchlüftung durch die Einmischung von Baumarten wie Traubeneiche, Sommerlinde sowie Esche, Ahorn und Ulme artenreiche Buchenlaubmischwälder entstehen, die eine umfangreiche Vogelwelt beherbergen.

Von unterschiedlichen Warten aus erklingen ihre Lieder

Schon im zeitigen Frühjahr machen sich die Vögel des Buchenwaldes durch ihren lautstarken Gesang bemerkbar. Schwarzdrossel, Kohl- und Blaumeise sowie Buchfink und Rotkehlchen gehören zu denen, die den Winter über hier verbracht haben — in sehr strengen Wintern ziehen sie bis in die Siedlungen, um die zahlreichen Futterhäuschen der Menschen aufzusuchen. Bei hohem Schnee und wochenlangem Frost bietet ihnen der Wald zuwenig Nahrung. Wenn die Natur nach und nach aus ihrem Winterschlaf erwacht und sich der Wald in einen leicht grünlichen Schimmer hüllt, scheinen die Vögel dies mit ihren Gesängen lautstark ankündigen zu wollen. Die zahlreich hinzukommenden Zugvögel, wie Zilpzalp oder Singdrossel verkünden dazu ihre Rückkehr aus dem Süden. Zunächst wird um die Gunst der Weibchen geworben, später geht es darum, Reviergrenzen deutlich zu machen. Seiner Größe von weniger als zehn Zentimeter Länge keineswegs angemessen ist der laut schmetternde Gesang des Zaunkönigs. Er liebt die Nähe von Wasser. Meist hält er sich in Bodennähe in dichtem Gestrüpp auf. Das Männchen hat es nicht leicht mit seiner Partnerin. Sie entscheidet, ob die Wahl des Neststandortes und das fertige Nest ihren Ansprüchen genügen. Er jedoch ist für den Bau des Nestes zuständig. So muß der eifrige kleine Sänger mehrere Nester an verschiedenen

Links: Die dichten Buchenkronen verdecken den blauen Himmel fast ganz.

Für seinen Reviergesang verläßt der Zaunkönig den Schutz des Dickichts.

Unten: Die Busch- oder auch Schmalblattrige Hainsimse (Luzula luzuloides) ist die Charakterart des Hainsimsen Buchenwaldes. Ameisen fressen ihre ölhaltigen Samen sehr gerne. Die Tiere transportieren die Samen oft weit umher und lassen manch Samen unterwegs liegen, wobei sie für die Verbreitung der Pflanze sorgen.

Stellen bauen und darauf hoffen, daß eines vor den Augen seiner Gattin Gnade findet, damit die Brut beginnen kann.
Spät am Abend, noch nach der Singdrossel, die meist von einer hohen Baumspitze aus ihre vielschichtigen Strophen erklingen läßt, beendet das Rotkehlchen mit den unverwechselbaren glasklaren Tönen seines Gesanges den Tag und überläßt den Buchenwald den Tieren der Nacht.
Weniger, vor allem sehr anpassungsfähige Vogelarten finden Sie in den reinen Buchenwäldern. Charakteristischer Vogel ist — wie sein Name schon sagt — der Buchfink. Zu ihm gesellen sich Amsel, Kohl- und Blaumeise und der Buntspecht.

Zimmermann und Trommler des Waldes — Kopfschmerzen hat er nie!

Der Buntspecht ist einer der auffälligsten Bewohner der Buchenwälder. Wie alle Spechte auf Totholz angewiesen, fühlt er sich in Altholzbeständen mit guten Brutmöglichkeiten und ausreichend Nahrung sehr wohl. Sein Nest verbirgt sich in einer in den Stamm gehämmerten Höhle. Er meißelt sie mit seinem kräftigen Schnabel in Bäume mit weichem oder morschem Holz. Das Trommeln der Spechte ist jedoch nicht nur zu hören, wenn sie an der Bruthöhle bauen, vor allem bei der Partnersuche und dem Anzeigen der Reviergrenzen hat es eine große Bedeutung. Als eine Art Sprachersatz bedeutet es: Hier ist mein zu Hause! — oder: Ich suche ein Weibchen (Männchen) für mich! Außer seinem kräftigen Schnabel machen zwei Dinge dem Specht das Trommeln leichter: seine Kletterfüße

Einer Sage nach hat einst der Teufel die Spechte als Viehhüter benutzt. Da sie ihm ihre Arbeit aber nicht gewissenhaft genug taten, bestrafte er sie. Dem Kleinen schlug er auf sein Hinterteil, dem Größeren auf den Kopf. Noch heute sind die beiden deshalb an diesen Stellen rot gefärbt und noch heute suchen sie ihr Vieh: Der Große fliegt mit dem Rufe pru, pru, pru und wenn er sich auf einen Baum gesetzt hat, schaut er lange nach den Tieren und hetzt den Hund auf sie: pih, pih, pih. In den Bäumen versucht er einen Stall zu hämmern, damit sein Vieh dort hineinlaufe.

Links: Der Buntspecht ist der häufigste der schwarz, weiß und rot gefärbten Spechte. Das Männchen ist leicht am roten Nackenfleck erkennbar.

Rechts oben: Ein Mittelspecht vor seiner Höhle in einer morschen Buche, in der er auch viele Insekten als Nahrung findet.

Im Gegensatz zum Männchen fehlt dem weiblichen Buntspecht die rote Zeichnung am Kopf.

mit einer Wendezehe, die je nach Kletterrichtung (Baumaufwärts oder -abwärts) gewendet werden kann, und sein starker Stützschwanz, der ihm wie ein dritter Fuß zusätzlichen Halt am Stamm gibt. Kopfschmerzen bekommen Spechte übrigens nicht, zwischen Schnabel und Gehirn befindet sich eine Art Stoßdämpfer, der beide Teile federnd verbindet.

Spechte bauen immer mehr Höhlen, als sie selber brauchen. Einige bleiben halbfertig oder sind ihnen nach einigen Jahren nicht mehr gut genug. Dies machen sich viele andere Tiere zunutze. Fledermäuse nutzen Spechthöhlen als Sommerquartier und Wochenstube für ihre Jungen, Hohltaube, Kauz und Meisen brüten dort, und der Siebenschläfer legt in Baumhöhlen sein Moosnest an, in dem er seine Jungen großzieht.

Nicht nur hoch oben in den Wipfeln der Bäume leben Tiere, die durch ihren Gesang oder lautes Trommeln auf sich aufmerksam machen, sondern auch auf dem Boden des Buchenwaldes ist einiges Leben vertreten. Hier sind es vor allem leise Gefährten der Käfer, Schnecken und Insekten, die sich durch ihre geruhsame, lautlose Lebensart kaum bemerkbar machen.

Leise Gefährten der Käfer und Schnecken

Die Luft ist schwül, nach dem warmen Gewitterregen erscheint einem der Wald fast tropisch. Im leicht verrotteten Buchenlaub regt sich etwas. Langsam schiebt sich ein schwarzgelb gezeichneter, leicht gedrungen und schwerfällig erscheinender Körper mit echsenähnlichem Kopf und Schwanz unter dem morschen Baumstamm hervor. Kurz bewegt sich der Kopf hin und her, um dann den glänzenden Körper mit einer nicht vermuteten Schnelligkeit vorwärts kriechen zu lassen. Ein Feuersalamander verläßt sein feuchtes und vor Tageslicht geschütztes Versteck, um Jagd auf die nach dem Regen zahlreich ausschwärmenden Würmer und Schnecken zu machen. Als typische Waldtiere besiedeln Feuersalamander feuchte Laubwälder in der Nähe sauberer Bäche oder Quellen. Beides finden sie im Hasselbachtal und in den zahlreichen anderen Wiesentälern des Naturparks. Die Paarungszeit der Tiere fällt in die Sommermonate, etwa im März des nächsten Jahres setzen die Weibchen die voll entwickelten Larven ab. Nach zwei bis drei Monaten verlassen die zunächst rein schwarzen Larven das Wasser, um als Lungenatmer an Land zu leben. Erst dann bekommen sie die typische gelb-schwarze Zeichnung. In vier Jahren, wenn sie geschlechtsreif sind, wird durch sie eine neue Salamandergeneration entstehen.

Feuersalamander benötigen die Nähe von Wasser, da sie die ersten Monate ihres Lebens als Kiemenatmer im Quellbereich von Bächen verbringen.

Gefährliche Wanderungen zu den Laichplätzen

In der Bodenregion kann man in einem Buchenwald noch eine andere Amphibie entdecken: Die Erdkröte. Die meisten Menschen kennen Kröten eher von der Straße und diese Begegnung endet für die Tiere meist tödlich.

Nachdem die Erdkröte die kalte Jahreszeit in einem Versteck, zum Beispiel in einem morschen Baumstamm überdauert hat, macht sie sich im zeitigen Frühjahr auf den Weg zu ihrem Laichplatz. Sie bevorzugt stehende Gewässer unterschiedlicher Größe, wie kleinere Seen, Tümpel, Gartenteiche und sogar Gräben als Kinderstube. Nicht nur dieselben Laichgewässer werden jedes Jahr aufgesucht, auch der Weg dorthin ist jährlich derselbe. Wie die Kröten den Weg zu „ihren" Laichgewässern finden, ist bei den Wissenschaftlern nach wie vor umstritten. An den ersten wärmeren Regentagen im Jahr beginnen in der

Abenddämmerung oft Massenwanderungen, die bis in das Morgengrauen hinein dauern. Tagsüber verbergen sich die Kröten, Nahrung wird während der Wanderungszeit keine aufgenommen. Zu ihren Laichgewässern müssen die Erdkröten häufig Straßen überqueren. Dies führt bei feuchter Witterung an einigen Stellen zu einem Massensterben auf den verkehrsreicheren Straßen im Naturpark. Die kleineren Waldstraßen werden während dieser Zeit gesperrt. Oftmals sieht man das Männchen schon den Rücken des Weibchens umklammernd, im Huckepack den Weg zurücklegen. Ihren Laich legen die Kröten in zusammenhängenden, meterlangen Schnüren ab. Danach suchen sie wieder den Buchenwald als ihr Sommerquartier auf.

Links: Das größere Krötenweibchen trägt nicht nur das Männchen Huckepack zum Laichgewässer, in ihrem Körper befinden sich bereits viele Eier.

Manche Kröten finden erst im Laichgewässer ihre Partner, wo es auch erst zur Besamung der Eier kommt.

Der Siebenstern gehört zu den Primelgewächsen und blüht von Mai bis August.

Rechts: Der Baummarder ist ein äußerst geschickter Kletterer. Weite Sprünge, das Hinauf- und Hinablaufen der Stämme und das mühelose Erklettern der höchsten Baumwipfel erleichtert ihm die Jagd auf Kleintiere.

Leben im Eichenwald:

Lautlose Jäger in märchenhaften Wäldern

Viele Geschichten und Sagen aus früherer Zeit spielen sich am Fuße von alten knorrigen Eichenbäumen ab. In Feld und Flur oder in unseren Städten und Dörfern finden Sie überall von Menschen gepflanzte Eichen. Auf alte, knorrige Eichenalleen wie die „Lüchtringer Allee" oberhalb der Ortschaft Lüchtringen oder die „Fürstenberger Allee" unweit von Neuhaus im Solling treffen Sie immer wieder im Naturpark Solling-Vogler.

Ebenso sind auch die meisten Eichenwälder menschlichen Ursprungs. Sie stammen aus einer Zeit, als der Wald nicht nur Holzlieferant für den Menschen, sondern vor allem Futterquelle für das Vieh war. Noch bis in das 18. Jahrhundert bestimmte die Waldweide das Bild des Sollingwaldes. Relikte dieser bäuerlichen Nutzung mit Schweinen, Schafen, Ziegen, Rindern und Pferden können Sie heute noch im Reiherbachtal oder in weiten Teilen um die Ortschaft Brüggefeld anhand von eigentümlich anmutenden, lichten Wäldern aus Eichen entdecken. Mit ihren weit ausladenden Kronen erinnern die oft jahrhundertealten Eichenbäume an einen Märchenwald.

Links: Imposante alte Eiche in der Nähe von Winnefeld.

Auch Hirsche suchen den Eichenwald im Herbst gerne wegen der schmackhaften Eicheln auf.

Wärmende Lichtstrahlen gelangen auf den Boden

Durch den großen Abstand der Bäume und die weit ausladenden Kronen schafft es die Sonne, große Lichtflecken zwischen die gewaltigen Eichenkronen auf die Erde zu werfen. Eine üppige Krautschicht, die viele Pflanzen und Tiere beherbergt, wächst daher auf dem Boden des Eichenwaldes. Vor allem lichtbedürftige Insektenarten, wie Käfer, Tag- und Nachtfalter nutzen diesen Lebensraum.

Morsche Äste oder abgestorbene Stämme, in die vor vielen Jahren vielleicht einmal der Blitz gefahren ist, finden Sie im Eichenwald. Im vermoderten Inneren wimmelt es von totholzbewohnenden Insekten und deren Larven. So leben auf einem Eichenbaum im Naturpark bis zu 1000 Insektenarten.

Eindrucksvoll brummend fliegt an einem lauen Sommerabend einer unser größten einheimischen Käfer im Eichenwald umher. Es ist der Hirschkäfer, der seinen Namen seinem eigentümlichen Aussehen verdankt. Besonders die männlichen Tiere sind imposant anzuschauen. Ihre Oberkiefer sind geweihartig vergrößert. Als Waffen sind die Hirschkäfergeweihe jedoch nur bedingt einsetzbar. In acht nehmen muß man sich eher vor den Weibchen, die mit ihrem viel kleineren, aber funktionstüchtigen Oberkiefer hervorragend zukneifen können. Zu

Links: In den abgestorbenen Ästen der Bäume finden viele Insekten Nahrung und Lebensstätte, so auch die Larven der Hirschkäfer.

Ein Hirschkäfermännchen mit dem geweihartigen Oberkiefer.

Insgesamt erreichen die Hirschkäfermännchen eine Körperlänge von bis zu 7,5 Zentimeter.

Rechts: Der Adlerfarn bildet in den Eichenwäldern des Naturparks häufig einen dichten Unterwuchs.

ernsthaften Kämpfen zwischen den Männchen kommt es daher eher selten, lediglich kleinere Raufereien — um ein Weibchen oder um einen guten Platz beim Baumsaftlecken — kommen ab und an vor. Die große Leidenschaft der imposanten Käfer ist das „Sich-Laben" am ausfließenden Baumsaft der Eichen. Mit ihren bürstenartigen Zungen schlecken sie den meist in Gärung befindlichen Saft auf, so daß die nimmersatten Käfer zuweilen völlig berauscht vom Baum fallen oder bei dem Gerangel um den besten Platz von einem anderen Käfer hinuntergeworfen werden.
Die Hirschkäfer nutzen den Eichenwald in den verschiedenen Stadien ihrer Entwicklung. Mindestens fünf Jahre leben sie zunächst als fette Larve im morschen Eichenholz und fressen dort den Mulm. Nach der Verpuppung schlüpfen sie im Herbst als vollentwickelter Käfer. Den Baum verlassen sie allerdings erst nach dem Winter im Laufe des Frühsommers. Die Tiere schwärmen aus, um sich fortzupflanzen und dann nur noch wenige Monate zu leben.

Viele Tiere, wie beispielsweise Spechte werden durch das In-sektenangebot angelockt. Durch Spechthöhlen werden wiederum Wohnungen für Trauerschnäpper, Kleiber, Hohltauben und Eulen sowie Siebenschläfer, Eichhörnchen und Fledermäuse geschaffen. Die Fledermäuse in unseren Breiten sind keineswegs blutsaugende Ungeheuer, vor denen Sie sich fürchten müssen. Die im Solling und Vogler vertretenen Arten sind alle Insektenfresser. Das Nahrungsangebot im Eichenwald ist für viele optimal. Die sogenannten Waldfledermäuse, wie Großer und Kleiner Abendsegler, Große und Kleine Bartfledermaus oder Bechsteinfledermaus leben bevorzugt in Baumhöhlen oder Ritzen und Spalten in den morschen Borken der Eichen.
Die lautlosen Jäger der Nacht sind häufig schon in der Dämmerung zu beobachten, wenn sie ihre — durch jähe Wendemanöver unterbrochenenen — fast akrobatischen Beuteflüge unternehmen. Lautlos sind sie allerdings nur für uns Menschen. Denn — im Gegenteil — die Fledermäuse nutzen eine Art „Echoortungssystem" und senden zu ihrer Orientierung bei ihrer Jagd ständig Schallwellen aus. Da sich diese jedoch auf sehr hohen Frequenzen befinden, bleiben sie für das menschliche Ohr unbemerkbar. Die Fledermäuse „hören" genau, wo sich die Nachtfalter oder andere Insekten befinden und schnappen zu.
Ihre Jungen ziehen die Fledermäuse im Sommerquartier auf, das sich je nach Art ebenfalls in Bäumen, in Spalten an Gebäuden oder in Dachböden befindet und aus bis zu mehreren hundert Tieren bestehen kann.
Im Winter läuft das Leben der Tiere „auf Sparflamme". Fledermäuse sind in der Lage, ihren Stoffwechsel auf ein Minimum zu reduzieren. In einer Art Starre verbringen sie die kalte Jahreszeit im Winterquartier. Die Winterquartiere befinden sich häufig in Felshöhlen, Kellern oder Bunkern, auf Dachböden oder auch in Baumhöhlen und -spalten. Einige Arten, wie der Große Abendsegler ziehen jedoch auch bis zu zweitausend Kilometer weit weg in den Süden. Schon im Spätsommer treten sie die Fernwanderung an, um dann an den ersten warmen Tagen des darauffolgenden Frühjahrs in den Naturpark zurückzukehren.

Großes Mausohr im Winterquartier, einer Höhle im Naturpark. Das Große Mausohr überwintert einzeln unter der Decke hängend, im Gegensatz zu anderen Arten, die den Winter in Kolonien verbringen.

Von Ast zu Ast

Mit einer erstaunlichen Schnelligkeit schwingt sich das rotbraune Tier mit dem buschigen Schwanz hoch oben in den Wipfeln der Bäume von Ast zu Ast. Fast wie eine Straße benutzt es immer den gleichen Weg, um — vor Feinden in den Baumkronen halbwegs sicher — sein Ziel, den Kobel, zu erreichen. In diesem Baumnest haust das manchmal auch schwarz gefärbte Eichhörnchen. Das Weibchen bekommt dort zweimal jährlich drei bis acht Junge.

Aus Park und Garten den meisten wohlbekannt, ist das Eichhörnchen ein weiterer Vertreter der Tierwelt des Naturparks, welches sich im Eichenwald außerordentlich wohl fühlt. Es müssen allerdings noch eine Reihe von anderen Bäumen in unmittelbarer Nähe vorhanden sein. Außer den Eicheln sind Fichtenzapfen, Bucheckern, Nüsse, Beeren, Pilze, Schnecken und Insekten die Hauptnahrungsmittel der possierlichen Nager.

Für den Winter sorgen die Eichhörnchen durch die Anlage von Vorratskammern vor. An der Wurzel eines Baumes legen sie Nüsse oder Eicheln ab, die sie im Laufe des Winters wieder aufsuchen, um diese Vorräte zu verspeisen. Die Verstecke können sie sich jedoch nicht merken, sondern sie suchen im Winter gezielt geeignete Stellen ab. Dabei hilft ihnen ihr gut ausgeprägter Geruchssinn, mit dessen Hilfe sie zum Beispiel Haselnüsse auf 30 Meter Entfernung riechen.

Neben Eicheln gehören Fichtenzapfen, Bucheckern, Nüsse, Beeren, Pilze sowie Schnecken und Insekten zu den Hauptnahrungsmitteln des Eichhörnchens.

Ebenfalls Eicheln als Wintervorrat sammelt ein anderer Bewohner der Baumkronen. Der Eichelhäher, ein relativ großer und durch sein blaues Muster auf den Flügeldecken charakteristisch gefärbter Vogel, der das ganze Jahr über sehr versteckt lebt. Den Spaziergängern im Solling-Vogler verraten sich die Vögel meist nur durch ihr laut warnendes Krächzen, das schon von weither durch den Wald klingt. Im Herbst fliegt der Vogel im Pendelverkehr zwischen seinem Heimatwald und den Eichenwäldern der Umgebung hin und her, um die reifen Eicheln zu verstecken.

Eichelhäher sind Allesfresser mit einem je nach Jahreszeit wechselnden Speiseplan. Mit den Eicheln legen sie im Herbst einen Wintervorrat an, dabei tragen sie bis zu sechs Eicheln in ihrem Kehlsack und eine Eichel im Schnabel.

Ein junges Wildschwein — die sogenannten Frischlinge unterscheiden sich durch Längsstreifen von den älteren Tieren.

Lautes Grunzen im herbstlichen Schlaraffenland

Im Eichenwald treffen wir im Sommer und Herbst meist sehr hohe Wildbestände an. Vor allem die Wildschweine finden in großflächigen Mischwaldgebieten mit Eichenbeständen hervorragende Lebensbedingungen.

Ihr mächtiger, jedoch leicht gedrungener Körper mit den langen Borsten, ist perfekt an den Lebensraum Wald angepaßt. Beim Durchbrechen von niedrigen Büschen sind sie durch ihre Körperform und das grobe Fell hervorragend vor Verletzungen geschützt.

Die auch als Schwarzkittel bezeichneten Tiere sind überwiegend dämmerungs- und nachtaktiv. In den Abend- und frühen Morgenstunden haben Sie auf Waldlichtungen oder in Wiesentälern des Naturparks Gelegenheit, diese Tiere zu beobachten. Im Frühjahr und Sommer weiden die Wildschweine manchmal wie Rinder auf den Wiesen.

Der Eichenwald ist das herbstliche Schlaraffenland der Wildschweine. Dann durchpflügen sie den laubbedeckten Waldboden mit ihren Schnauzen — hier finden sie die wohlschmeckenden Eicheln. Meist sind die Tiere so beschäftigt und machen beim Durchwühlen des Bodens nach Nahrung so viel Krach, daß sie sich von einem ruhigen Beobachter nicht dabei stören lassen. Als Allesfresser fressen sie auch Kleintiere, Insekten und Pilze.

Wildschweine können außergewöhnlich gut riechen. Sie durchwühlen den Boden nicht wahllos nach Nahrung, sondern nur dort, wo es auch Freßbares zu finden gibt.

Die meiste Zeit ihres Lebens verbringen die Wildschweine gesellig in größeren Gruppen, den Rotten. Nur die Keiler lieben die Einsamkeit, sie sondern sich mit zunehmendem Alter von der Rotte ab. Erst während der Paarungszeit, wenn die

Links: Eine Bache mit etwa sechs Monate alten Frischlingen. Ein halbes Dutzend Junge oder mehr können Wildschweine gebären.

Diese Jungen müssen sich bald von ihrer Mutter trennen. Die Frischlinge haben schon ihre typische gestreifte Zeichnung verloren.

Tiere rauschig werden, schließen sich die einzeln umherstreifenden Keiler wieder der Rotte an und umwerben die geschlechtsreifen weiblichen Tiere, die sogenannten Bachen. Von Oktober bis Februar zieht sich die Paarungsbereitschaft der Bachen schier endlos in die Länge. Eine Abfuhr nach der anderen holen sich die Keiler bei ihren Annäherungsversuchen ab, bis sich die Damen ihres Herzens erweichen lassen.
Auch jüngere Keiler versuchen manchmal ihr Glück und stoßen während des Winters zur Rotte. Sie werden jedoch von den älteren verjagt, manchmal kommt es dabei zu Raufereien. Dabei dienen ihre Eckzähne, die Hauer, als gefährliche Waffen, die beim Kampf um die Weibchen gelegentlich zum Einsatz kommen. Selten kommt es allerdings zu ernsthaften Verletzun-

gen, meist ergreift der Schwächere vorher die Flucht. Während dieser Zeit sind die Tiere oft die ganze Nacht auf den Beinen, irgendwann in einer kalten und klaren Winternacht kommt es dann endlich zur Paarung. Nach vier Monaten Tragzeit verlassen die hoch trächtigen Weibchen die Gruppe, um sich ein passendes Wurfnest zu bauen. Eine Bodenmulde wird mit Nestmaterial — Zweigen, Moosen, Laub und Gras — ausgepolstert. Es entsteht ein hoch aufgeworfener Haufen, in den die Bache hineinkriecht, um dort ihre Jungen zu gebären. Bis zu drei Monate werden die, durch ihre hell-dunkel gestreifte Zeichnung gut an den Waldboden angepaßten, Frischlinge gesäugt.

Zur täglichen Gewohnheit der Wildschweine gehört das Suhlen. Jede sumpfige oder feuchte Stelle, jede Pfütze wird dankbar angenommen, um sich behaglich im kühlenden Schlamm zu wälzen. So manche Sau liegt stundenlang im

Ein Keiler — die männlichen Tiere sind die meiste Zeit des Jahres Einzelgänger.

Überläufer auf der Flucht. Bei drohender Gefahr stürmen die so schwerfällig erscheinenden Wildschweine fast aus dem Stand mit einer erstaunlichen Schnelligkeit davon.

Dreck. Dies dient nicht nur dem körperlichen Wohlbehagen — an warmen Sommertagen bieten diese Badewannen eine willkommene Erfrischung — sondern auch der Körperpflege. Das Suhlen und anschließende Scheuern des Borstenkleides an einem Baum hilft gegen lästiges Ungeziefer. Häufig wird immer derselbe Baum dazu aufgesucht. Durch den an seinem Stamm heftenden Schlamm ist ein sogenannter Malbaum im Wald leicht zu erkennen.

Vielleicht haben Sie im Solling und Vogler ja einmal die Gelegenheit, das urige Schwarzwild in seinem natürlichen Lebensraum beobachten zu können, es in wilder Flucht davonjagen zu sehen oder wenigstens eine Suhle und einen Malbaum zu entdecken.

Wildschweine sind für den Menschen nicht gefährlich, obwohl immer wieder Schauermärchen von wildgewordenen Schweinen erzählt werden. Die wohl bekannteste im Solling ist die „Hackelbergsage", die allerdings besagt, daß sich der wilde Jäger Hackelberg durch die Hauer eines bereits erlegten Keilers eine tödliche Blutvergiftung zugezogen hatte. Der Sage nach verfluchte der Jägersmann sein Schicksal und jagt noch heute mit seiner Meute im Herbst durch den Solling. Am Moosberg oberhalb von Silberborn steht sein Gedenkstein.

Hackelberg im Solling

Es rauschen die Wälder,
es ächzt der Tann
und über die Höhen
kling's dann und wann
so schaurig und roh:
Tschiff tschaff,
tschiff, tschaff, toho!
Dann braust über'n Solling
die wilde Jagd.
Der Hackelberg wettert
und tollt und lacht.
Ein Kind spricht ängstlich wo:
Tschiff tschaff,
tschiff, tschaff, toho!

Ernst Bock Letter

Mit sechs Wochen unternehmen die Frischlinge erste kurze Ausflüge ohne ihre Mutter.

Rechts: In Wildschweinfamilien geht's zuweilen rauh zu. Hier verdrängt eine Mutter ihr Junges beim Fresen von einem Leckerbissen.

Leben im und am Wasser:

Fliegende Edelsteine und heimliche Rückkehrer

Der Naturpark wird von vielen größeren und kleineren Bächen durchzogen, die oft wunderschöne halboffene Wiesentäler durchfließen. Als Besucher können Sie sich überall auf Ihren Wanderungen an ihnen erfreuen.
Wer sich auf die Suche nach einem Teich oder See begibt, muß sich jedoch etwas mehr Mühe geben. Größere, natürlich entstandene Stillgewässer gibt es im Naturpark Solling-Vogler gar nicht, die wenigen vorhandenen sind alle menschlichen Ursprungs. Trotzdem beherbergen sie, ebenso wie die vielen sich die Täler erschließenden Bäche, eine faszinierende Tier- und Pflanzenwelt.
Eine Besonderheit des Sollings sind die kleineren und größeren versumpften Bereiche, in denen Sie Restbestände von Hochmooren entdecken können, so auch das etwa 63 Hektar große Mecklenbruch, am östlichen Rande der Ortschaft Silberborn.

Spezialisierte Pflanzen und Tiere

Im Mecklenbruch können Sie durch die im Hochmoor herrschenden besonderen Bedingungen eine ganz außergewöhnliche Flora und Fauna entdecken. Um hier Tiere zu beobachten, müssen Sie jedoch genau hinschauen. Die von Torfmoosen und wenigen anderen typischen Moorpflanzen geprägte Hochmoorlandschaft bietet nur wenigen spezialisierten Tieren, darunter vielen Insekten, ein Zuhause.
Wenn sich im Hochsommer im Tagesverlauf die Hitze über dem Moorkörper durch ein Flirren in der Luft bemerkbar macht, ist dies die Zeit der Libellen. Nach einer kalten Nacht

Mäander prägen die in weiten Teilen naturnahe Holzminde im Rumohrtal.

Eine Blaugrüne Mosaikjungfer — eine Libellenart, die nicht an das Hochmoor gebunden ist — auf Beutezug.

— im Hochmoor sind frostige Nächte mit Temperaturen um den Nullpunkt im Sommer nicht selten — können Sie die bunt schillernden Tiere beobachten. An die extremen Bedingungen im Hochmoor hervorragend angepaßt ist die Torfmosaikjungfer.
Die Torfstichflächen im Mecklenbruch sind frühmorgens häufig mit einer dünnen Eisschicht überdeckt. Erst wenn die letzten Schleier des Morgendunstes über dem Moor von den Sonnenstrahlen aufgelöst werden, erwachen die Libellen aus einer Art Starre, in der sie die kalte Nacht verbracht haben. Die Tautropfen auf ihren Flügeln lösen sich auf und sie suchen die inzwischen offenen Torfstichflächen zur Eiablage oder zur Jagd auf. Nur wenige Wochen im Jahr bleiben den Libellen im Hochmoor zum Schlüpfen, zur Fortpflanzung und zur Eiablage. Ab September werden die Tage kürzer und die Luft erwärmt sich tagsüber nicht mehr stark genug, so daß der Nachwuchs bis dahin auf den Weg gebracht sein muß.

Links außen: Ehemaliger Torfstich am Aussichtsturm im Mecklenbruch.

Links unten: Das typische Liebesspiel der Azurjungfern.

Oben: Der „fleischfressende" mittlere Sonnentau, hier mit einer Libelle als „Beute", kommt im Mecklenbruch noch vor.

Unten: Anfang Juni verwandelt das Scheidige Wollgras das Mecklenbruch mit seinen Fruchtständen in einen weißgefleckten Teppich. Die Blüte im März ist hingegen unscheinbar.

Nur selten hört man ihn klappern

Eine dunkle Silhouette mit einem silbergrau schimmernden Dreieck fliegt hoch oben über dem Wabachtal am Rande des Voglers hinweg. Die charakteristische Schwarz-Weiß-Zeichnung auf der Unterseite seines Körpers — dazu leuchtend rot der Schnabel und die Beine — machen ihn unverkennbar. Der Schwarzstorch ist aus seinem Winterquartier auf der Suche nach einem passenden Niststandort zurückgekehrt. Das schwarze Gegenstück zum viel bekannteren Weißstorch, den Waldbewohner Schwarzstorch, bekommt man nur sehr selten zu sehen. Er gilt als sehr heimlich und lebt scheu in naturnahen Misch- und Bruchwäldern. Wichtig für seinen Lebensraum ist ein ausreichend großes Nahrungsangebot. Im Naturpark sucht er dazu gerne feuchte Wiesen, Teiche und vor allem die Bachtäler auf. Außerdem verlangt er am Nistplatz ausreichend Ruhe. Schon die geringste Störung durch den Menschen führt dazu, daß ein Schwarzstorch seinen Horst verläßt. Seine drei bis fünf Jungen, warten dann vergeblich auf die Rückkehr der Eltern und müssen qualvoll verhungern.

Erst die ausgewachsenen Schwarzstörche haben die charakteristischen roten Schnäbel und Beine.

Rechts: Eine Gebirgsstelze auf Nahrungssuche. Im Gegensatz zur Wasseramsel nimmt sie außerhalb des Wassers Nahrung auf.

Zur kalten Jahreszeit wandert der Schwarzstorch ebenso wie sein weißer Verwandter in den Süden. Vom Schlüpfen im Juni müssen sich die Jungvögel bis zum August kräftig entwickelt haben, um den weiten Flug zu schaffen. Die ersten zwei Monate ihres Lebens werden sie nur von den Eltern versorgt, danach müssen sie selber lernen, in den feuchten Wiesen Frösche zu fangen oder in einem kleinen Teich oder Bach Fische zu jagen. Zuweilen treten Schwarz- und Weißstorch gemeinsam die weite Reise in den Süden an. In den östlichen Gebieten Europas sieht man sie dann in großen Gruppen vereint. Im Naturpark kommt der Weißstorch leider nicht mehr vor.

Ist die Wasseramsel nicht mit der „Unterwasserjagd" beschäftigt, sitzt sie häufig auf einem Stein und wippt ganz eigentümlich auf und ab. Fast scheint es, als wolle sie einen Knicks machen. Die Tiere benutzen dieses Verhalten als Tarnung — durch die ständige Eigenbewegung passen sie sich der Strömung des Wassers an — und bleiben so von Feinden weitgehend unbemerkt.

Im wilden Plätschern wimmelt es von Leben

An den Ufern der Bäche des Naturparks, am Hasselbach im Schießhäuser Tal oder an der Holzminde im Rumohrtal hat sich eine üppig blühende Uferstaudenvegetation ausbilden können. Blutweiderich, Mädesüß und Weidenröschen locken viele Insekten an und das Rohrglanzgras bietet den bunt schillernden Prachtlibellen einen guten Ausgangspunkt für ihre Jagdflüge. Im und am Wasser wimmelt es nur so von Leben.

Mit etwas Glück können Sie eine Wasseramsel, auf der Suche nach kleinen Bachtierchen, im seichten Wasser entdecken. Sie schafft es, am Bachgrund mit Hilfe ihrer Flügel hinter der Beute herzulaufen.

Für ihren Nistplatz wählt sie gerne einen alten Baumstumpf oder einen Hohlraum unter den zahlreichen, die Bäche überquerenden Brücken. Der ewig hungrige Nachwuchs genießt in den ersten Wochen seines Lebens die Versorgung durch die Eltern mit Bachflohkrebsen, mit den Larven von Eintags- und Steinfliegen, Libellen und Köcherfliegen. Im sauerstoffreichen Bachwasser leben diese winzigen Tierchen. Die meisten halten sich mit Haken, Krallen oder Saugnäpfen an den Wasserpflanzen und Steinen fest und ernähren sich von Algen und Pflanzenresten.

Oben: Eine Wildkatze auf Beutejagd
im Büwiesental bei Abbecke.

Links: Die Wildkatze unterscheidet sich durch ihren gedrungenen Körperbau und den kurzen buschigen Schwanz von der Hauskatze.

Bild rechts: Nebelschleier durchziehen das Holzmindetal im Morgengrauen.

Auf leisen Pfoten

Auf leisen Pfoten schleicht sich ein graubrauner Schatten an das Mauseloch heran. Vorsichtig, beinahe lautlos, schiebt sich der geschmeidige Körper nach vorn und lauert auf die nichtsahnend aus ihrer Behausung schauende Maus. Alle Muskeln des Jägers sind bis aufs Äußerste angespannt, Pfote für Pfote wird langsam ins weiche Gras gesetzt und Stück für Stück wird sich der Beute genähert, um dann ganz plötzlich und überraschend den entscheidenden tödlichen Sprung auszuführen. Dem sogenannten „Mäuselsprung" folgt das Zupacken und Festhalten der Maus mit den scharfen Krallen und erst dann der gezielte Tötungsbiß in den Nacken des Beutetieres. Die Wildkatze — durch ihren buschigen Schwanz mit den ausgeprägten schwarzen Ringen, der immer stumpf endet, gut von einer wilden Hauskatze zu unterscheiden — ist im Büwiesental auf Beutezug. Die Wildkatze hat seit Mitte der 70er Jahre wieder im Naturpark Einzug gehalten. Die Wiederbesiedelung der Wildkatze ist vor allem der Aufklärung über die Lebensweise der Katze und dem Jagdverbot seit Mitte dieses Jahrhunderts zu verdanken.

Zum Froschkonzert geblasen

Die gelben Tüpfel der Blüten der Sumpfdotterblume markieren die besonders feuchten Stellen in den Wiesen am Bach. Tausende Eier von Grasfrosch und Erdkröte können Sie dort finden. Die Grasfrösche kündigen schon im zeitigen Frühjahr mit ihrem dumpfen Knurren beim Werben um die Gunst der weiblichen Tiere das Ende der kalten Jahreszeit an. In den ersten lauen Nächten wird zum Froschkonzert geblasen. Gerne werden neben den größeren im Naturpark befindlichen Tei-

Sumpfdotterblumen zeigen die Feuchtigkeit in den Wiesen entlang der Holzminde an.

Die Teichfrösche mit ihren großen Schallblasen laden erst im Sommer zum Froschkonzert.

Rechts oben: Der Graureiher nistet meist in Kolonien auf großen Bäumen an Kiesseen im Naturpark.

Rechts unten: Die Grasfrösche lassen schon im zeitigen Frühjahr ihr dumpfes Knurren ertönen.

chen, wie Ullrichs Teich am Stadtrand von Holzminden, dem Bergsee bei Delliehausen oder dem Lakenteich, auch die sich rasch aufwärmenden, kleineren Tümpel als Laichgewässer

benutzt. Sie trocknen meist in den Sommermonaten des Jahres aus, für den Nachwuchs der Grasfrösche ist bis dahin jedoch ausreichend Zeit, ihre Metamorphose in den von der Sonne aufgeheizten Tümpeln vom Laich bis zum fertigen Frosch abzuschließen. Zu hunderten hüpfen sie dann als winzige kleine Frösche über die Wege am Bergsee. Nur wenige von ihnen werden die ersten Monate überleben — lauern doch mit Schwarzstorch, Graureiher und anderen Vögeln überall Feinde auf sie.

Ein Einwanderer aus Amerika

Der „Strauchdieb im Pelz“, wie der Waschbär häufig genannt wird, wurde erst 1934 in Deutschland eingebürgert. Ursprünglich stammt er aus Nordamerika, wo er in Laubwäldern in Wassernähe zu Hause ist. Seinen Namen verdankt das überwiegend dämmerungs- und nachtaktive Tier seinen überaus geschickten Vorderpfoten. Der nächtlichen Lebensweise angepaßt, benutzt es sie wie Hände. Die Nahrung wird tastend erbeutet und vor dem Verzehr genau untersucht. Da dies häufig Wassertiere wie Muscheln, Frösche, Krebse oder die Larven von Insekten und Libellen sind, scheint es, als würde der marderähnliche Bär seine Nahrung waschen. Der Waschbär als „Suchjäger und Sammler“ frißt alles, was ihm an Eßbarem zwischen die Pfoten gelangt. Bei den meisten Menschen hat er daher einen schlechten Ruf, da er sich in Siedlungsnähe auch über Kulturfrüchte und Mülleimer hermacht. Umstritten ist seine Rolle als direkter Nahrungskonkurrent von Wildkatze und Dachs sowie als Bedrohung unserer heimischen Fauna.

Links oben: Tagsüber sieht man Waschbären eher selten. Hin und wieder nehmen die Tiere an warmen Tagen ein Sonnenbad.

Links unten: Als Unterschlupf und zur Jungenaufzucht dienen dem Waschbären häufig hohle Bäume oder Felsklüfte.

Mit ihren Blüten leuchten die dichten Schlehenhecken im Frühjahr wie weiße Teppiche im Rumohrtal.

Im Frühsommer dominiert die Farbe Gelb in den Tälern am Voglerrand oberhalb von Oelkassen. Die Blüte der Rapsfelder macht sich nicht nur für das Auge, sondern auch durch den intensiven Duft bemerkbar.

Das Rotkehlchen ist durch seinen glasklaren Gesang unverwechselbar.

Rechts außen: Der Kleine Fuchs, seine Raupe ist auf Brennesseln angewiesen.

Rechts unten: Nicht nur durch Wilhelm Busch einst der bekannteste Käfer, ist der Maikäfer heute durch intensives Bekämpfen selten geworden. Als Schädling galt vor allem die Larve, die sich als Engerling von den Wurzeln verschiedenster Pflanzen ernährt.

Siedlungsränder:

Listige Märchenfiguren und neue Hausbewohner

Von buntgemischten Hecken durchzogen, bieten die Siedlungsränder der kleineren Städte und Dörfer mit ausgedehnten Wiesen und Weiden, Streuobstwiesenbeständen in kleinbäuerlichen Gärten und kleineren Äckern vielen Tieren einen Lebensraum. Einige unserer heimischen Tiere haben sich an ein Leben in der Nähe des Menschen angepaßt. Sie nutzen die vom Menschen geschaffenen Strukturen als Ersatzlebensraum, Futterquelle oder Niststandort.

Traditionell bewirtschaftete Obstwiesen aus hochstämmigen Bäumen mit großen, gut entwickelten Kronen gehören dabei zu den vielfältigsten Lebensräumen der Siedlungsränder. Vor allem zur Blütezeit zieht der zarte Duft der Apfelbäume wie magisch die Insekten an. Bienen und Hummeln erobern mit ihrem Summen und Brummen bald den ganzen Baum und werden zu unfreiwilligen Liebesboten. Beim Schlecken des süßen Nektars bleibt der Blütenstaub an ihrem dichten Haarpelz hängen und sie sorgen durch den Transport zur nächsten Pflanze für die Befruchtung der Blüten.

Ein ganzes Heer von Faltern, Käfern, Raupen, Spinnen und Ameisen krabbelt und flattert auf dem alten, leicht morschen und skurril anzuschauenden Apfelbaum umher. Bis zu 800 Tierarten gibt er ein Zuhause. Neben ausreichender Nahrung sind zahlreiche Möglichkeiten zum Unterschlüpfen und Ansiedeln unter der borkigen Rinde zu finden. In den leicht ausgefaulten Asthöhlen finden neben Steinkauz, Fledermaus und Siebenschläfer auch Meisen, Rotkehlchen und andere Vögel ein geeignetes Quartier.

Ist das ein Star, der unter dem Dach des Hauses Einzug gehalten hat? Er singt wechselweise wie eine Schwarzdrossel, jetzt wie ein Fink — da war doch noch ein anderer Gesang.
Sehr abwechslungsreich und mit zahlreichen Nachahmungen anderer Vogelarten versehen, läßt der Star sein knirschendes Gezwitscher mit den vielen knackenden Lauten und weit gedehnten, hellen Pfiffen meist von einer hohen Warte aus ertönen. Das blaugrün schillernde Gefieder mit dem kurzen Schwanz, dazu das typische „Über den Rasen Trippeln" bei der Nahrungssuche machen den Star jedoch unverkennbar.

Der Star hat eine in unseren Augen besonders lustige und gut im Garten zu beobachtende Jagdweise entwickelt. Mit seinem langen spitzen Schnabel bohrt er ein Loch in den Rasen. Der Schnabel wird noch im Erdboden geöffnet, so entsteht ein schmaler Spalt. Mit den nach vorne gerichteten Augen begutachtet er den Spalt, um in der Erde lebende Kleintiere zu entdecken, die er dann verspeisen kann.
Zu großen Schwärmen sammeln sich die Jungvögel ab Ende Mai. Häufig übernachten dann gewaltige Trupps in großen Bäumen in alten Parkanlagen. Im Herbst begeben sich die meisten Tiere auf ihre Reise in den Süden, um im März des nächsten Jahres zurückzukehren.

Links oben: Die Elster macht sich in Siedlungen häufig durch ihr warnendes Schackern bemerkbar. Die lebenslang zusammenbleibenden Paare bauen jedes Jahr ein neues bemerkenswertes kugelförmiges Nest aus Zweigen.

Links unten: Beim Sonnenbad spreizt der Star die Flügel und Federn ab.

Wacholderdrosseln nisten häufig kolonienweise in Siedlungsnähe. Durch ihr plauderndes unmusikalisches Zwitschern machen sie auf sich aufmerksam.

Erst Hiebe, dann Liebe

Wenn im Frühjahr die Tage länger werden, können Sie in der Dämmerung auf einer Wiese am Waldrand die Feldhasen beim Liebesspiel beobachten. Drei bis viermal wiederholt sich dieses Schauspiel dann im ganzen Jahr. Vor allem die männlichen Tiere, die Rammler jagen sich dabei gegenseitig durchs hohe Gras und führen regelrechte Boxkämpfe aus. Dabei stehen sie sich auf den Hinterfüßen gegenüber und trommeln mit den Vorderpfoten wie wild aufeinander ein.

Der Gewinner findet in den Augen einer Hasendame zwar Gefallen, so recht in Liebesstimmung kommt die Dame aber nur, wenn er sich auch mit ihr noch einmal ordentlich prügelt. Teilweise von verschiedenen Partnern wirft die Häsin normalerweise bis zu viermal im Jahr etwa zwei bis drei Junge. Der Feldhase als Pflanzenfresser ist allerdings in unserer intensiv bewirtschafteten Landschaft in den letzten Jahren immer seltener geworden. Mangels Hecken fehlen Versteckmöglichkeiten und durch die Intensivierung der Landwirtschaft fehlt ihm der reich gedeckte Tisch. Die Zahl der von ihm freßbaren Pflanzenarten ist stark zurückgegangen, so daß nur noch wenige Tiere satt werden können. Dadurch ist auch die Jungensterblichkeit größer.

Der Feldhase benötigt möglichst viele unterschiedliche Kräuter und Gräser für seine Ernährung — wie hier Horn- und Weißklee und verschiedene Gräser. Durch seine langen Ohren ist der Feldhase einfach vom Kaninchen zu unterscheiden.

Der meist dämmerungs- und nachtaktive Fuchs ernährt sich überwiegend von Kleinsäugern wie Mäusen und Wildkaninchen, auch Junghasen gehören zu seiner Beute. Dazu frißt er Insekten, Weichtiere, Beeren und die Früchte verschiedener Pflanzen.

Links unten: Fuchs beim „Mäuselsprung".

Fuchs, Du hast die Gans gestohlen

Als Ostersymboltier oder zumindest als schmackhafter Braten genießt Meister Lampe überwiegend die Sympathie der Menschen. Ein anderer Vertreter der Tierwelt des Naturparks hingegen hat bei den meisten Menschen eher einen schlechten Ruf. Vor allem im Winter treibt der Fuchs sich häufiger in Siedlungsnähe herum. Gilt er zwar meist als hübsches, langschwänziges und leichtfüßiges Tiere, so aber auch als listig, verschlagen und ausgesprochen „raubgierig“. Schon in den Kinderliedern wird uns beigebracht, der Fuchs stiehlt die Gans.
Dabei stehen unsere Haustiere in dem natürlichen Lebensraum des Fuchses, einer stark strukturierten Landschaft mit vielen kleinen Feldern und Wäldern, gar nicht auf seinem Speisezettel. An den Menschen haben sich die Füchse der Siedlungsränder so sehr gewöhnt, daß man sie nachts manchmal durch die Gärten streifen sehen kann. Auf der Suche nach Nahrung auf Komposthaufen kommt es natürlich auch einmal vor, daß ein Fuchs ein einfach zu erbeutendes Huhn reißt. Dies passiert jedoch vorwiegend in schlechten Beutejahren oder in besonders harten Wintern, wenn die Füchse gezwungen sind, sich ihre Nahrung bei den Menschen zu suchen.
Als Schlaf- und Rastplätze und vor allem für die Jungenaufzucht dienen den Füchsen Erdhöhlen. Die Tiere graben sie sich selbst in Form von mehreren Röhren und mindestens einem Wohnraum, in dem die Jungen aufgezogen werden. Meistens jedoch nimmt der Fuchs von anderen Tieren gebaute Wohnungen, wie Dachs- oder Kaninchenbauten an. In von Menschen stark besiedelten Bereichen nutzt der Fuchs die sich ihm dort bietenden Unterschlüpfe, wie Heuhaufen, Zementröhren oder Gebäude.

Der Feind geht leer aus

Keine Schlange ist es, die sich langsam und sehr vorsichtig mit ständigem Züngeln durch das halbhohe Gras schlängelt. Es ist die Blindschleiche, die mit ihren zurückgebildeten, nicht mehr erkennbaren Beinen vielen Menschen Glauben macht, eine richtige Schlange vor sich zu haben. Sie gehört jedoch zu der Familie der Schleichen.

Im April, wenn die Sonne an Kraft gewinnt und die obersten Bodenschichten erwärmt, erwachen die Tiere aus ihrer Winterstarre. Im Oktober des letzten Jahres haben sie sich in größerer Anzahl etwa einen halben Meter unter der Erdoberfläche zusamnmengetan, um hier die kalte Jahreszeit zu verbringen. Die bis zu einem halben Meter lang werdende Blindschleiche gehört zu den wechselwarmen Tieren, deren Körpertemperatur

Die Weinbergschnecke frißt alle möglichen Pflanzen. Man findet sie im Naturpark oft auf Bahndämmen in Siedlungsnähe.

Die Zauneidechse sonnt sich gerne auf den Buntsandsteinmauern in den Siedlungen.

Rechts: Blindschleichen halten sich gerne auf den von der Sonne aufgewärmten Schotterwegen des Naturparkes auf.

bei Kälte um ein Vielfaches herabgesetzt wird, so daß ihre Stoffwechselvorgänge im Winter stark reduziert ablaufen.

Tagsüber versteckt sich die Blindschleiche gern unter Steinen oder morschen Stämmen. Im Hochsommer legt das Weibchen die Eier genau in dem Moment, in dem die Jungen ohnehin schlüpfen. So scheint es, als würden die Tiere lebend gebären. Die Blindschleiche benutzt, ebenso wie die Eidechsen, einen ganz besonderen Trick, um ihren Feinden zu entkommen. Sie ist in der Lage ihr Schwanzende vom restlichen Körper zu trennen. Bei Gefahr — größere Vögel schätzen die Blindschleiche als schmackhafte Nahrung — läßt sie das hintere Ende einfach abfallen. Das kurze Stück zappelt mittels Nervensträngen wie wild hin und her, so daß die Aufmerksamkeit des Vogels ganz darauf gelenkt wird. Der Vogel läßt sich meist foppen und entscheidet sich sichtlich verunsichert für das zuckende Schwanzstück als Beutetier und packt zu. Die Blindschleiche hingegen nutzt den Augenblick der Verwirrung, um ruhig das Weite oder ein sicheres Versteck zu suchen.

Rauchschwalbe im Anflug auf ihr Nest.

Geduldig rüttelnd oder im schnellen Flug

Auch die unmittelbare Nähe der Menschen stört einige Tiere nicht. So nutzen Mauersegler, Schwalben und Turmfalken häufig Gebäude für ihren Niststandort.
Mit einem langgezogenen durchdringenden „fiiihh" kündigen die Mauersegler spätestens Anfang Mai ihre Rückkehr und damit den bevorstehenden Sommer an. Meist etwas früher treffen die Schwalben ein, die den Mauerseglern zwar sehr ähnlich, nicht aber mit ihnen verwandt sind. Die Rauchschwalbe ist leicht an ihren stark verlängerten Schwanzenden zu erkennen. Im Sommer dreht sie hoch oben am Himmel ihre Runden. Auf der Jagd nach Insekten scheint es, als würde sie unentwegt schnattern. Ihr Nest baut sie in Form einer Viertelkugel aus speichelverklebten Lehmteilchen, Gras- und Strohhalmen. Oft trifft man Rauchschwalben in großen Kolonien brütend in Ställen an. Die etwas kleinere Mehlschwalbe baut ihre Nester außen an Gebäuden oder Felswänden.
Der Turmfalke nimmt in Landschaften, in denen sich kleine Wälder mit heckendurchzogenen Wiesen und Feldern abwechseln, außer verlassenen Krähennestern gerne hohe Gebäudeteile als Nistplatz an. Die Jungen machen im Sommer durch ihr langgezogenes, fast wimmerndes Betteln in der näheren Umgebung auf sich aufmerksam. Scheinbar endlos lang schafft es der Turmfalke, rüttelnd in der Luft zu stehen, zusammen mit seiner langschwänzigen Silhouette macht ihn diese besondere Art der Jagd auf Nagetiere und Kleinvögel unverwechselbar. Im Gegesatz zu den Schwalben, die im September in den warmen Süden ziehen, bleiben die Turmfalken den Winter über in der Umgebung des Naturparks.

Was bellt denn da?

Vorsichtig späht das grau-braune, zuweilen rötlich schimmernde Tier mit den großen Augen und dem spitz zulaufenden Maul auf die in das Rot der Abenddämmerung getauchte Wiese hinaus. Sehr langsam und stetig sichernd wagt sich das Tier aus dem Dunkel des Waldes, um auf der saftig grünen Wiese am Ortsrand von Heinrichshagen schmackhafte Kräuter zu äsen. Es ist ein Reh, und nicht etwa das weibliche Gegenstück zum Rothirsch — wie oft fälschlich gedacht wird. Obwohl das Reh aus der gleichen Familie stammt, gehört es einer ganz anderen Gattung an.

Die Szene könnte sich überall an den Siedlungsrändern der Solling- und Voglerortschaften ereignen — denn überall dort, wo sich innerhalb des dichten Waldgebietes des Naturparks Wiesen

Turmfalken nisten häufig in Nischen auf hohen Gebäuden, hier in einer Eulenluke einer großen Scheune.

Rechts: Rehbock in einer Wiese am Waldrand.

befinden, suchen die Rehe diese gerne als Äsungsfläche auf. Einzeln oder in kleineren Gruppen können Sie die Tiere dort im Licht der Abend- oder Morgendämmerung — dann nämlich sind ihre Hauptaktivitätzeiten — beobachten.

Rot- und Rehwild sind eigentlich kaum zu verwechseln. Viel kleiner als das Rotwild sind die Rehe; zum Vergleich: ein Rehbock ist etwa 80 Zentimeter groß und wiegt etwa 18 Kilogramm. Ein Rothirsch ist etwa 1,50 Meter groß und wiegt im Durchschnitt etwa 150 Kilogramm — zudem haben Rehböcke bei weitem nicht ein so eindrucksvolles Geweih und die Brunft der Rehe läuft viel stiller und unbemerkter ab.

Zuweilen schallt es wie Hundegebell durch die Wälder des Naturparks. Was der Laie leicht mit Dackelgebell verwechseln kann, erkennt der Fachmann sofort: Es ist ein Reh, welches durch sein sogenanntes „Schrecken" ausdrückt, daß es von einem ungebetenen Spaziergänger überrascht worden ist.

Durch das Rehböcklein „Bambi" kennt wohl jeder die niedlich gepunkteten Rehkinder, die Kitze. Was Walt Disney jedoch

mitzuteilen vergaß: Das sogenannte „Ablegen" der Kitze in den ersten Wochen ihres Lebens dient als angeborenes Verhalten der Feindvermeidung. Die Mutter läßt ihr Junges bewußt an einem — in ihren Augen sicheren — Platz liegen, um selber zur Nahrungsaufnahme zu gehen. Sie kommt nach kurzer Zeit wieder zurück, um das Junge zu versorgen. Immer noch denken viele Menschen, die solch ein niedliches Kitz finden, es wäre von seiner Mutter verlassen und nehmen es mit, um „das arme verlassene Kleine" zum Förster zu bringen. Das Kitz sollte man lieber liegen lassen. Bringt man es an den Platz zurück, nimmt es die Mutter höchstwahrscheinlich nicht mehr an — zieht man es auf, gibt es mit ausgewachsenen Böcken oft Probleme.

Links oben: Ein Rehbock im Frühjahrswald.

Mitte: Obwohl man Rehe in Siedlungsnähe oft beobachten kann, bekommen sogar Jäger eine Paarung nur sehr selten zu Gesicht.

Unten: Zwei wenige Tage alte Kitze.

Mit hoch aufgerichteten Lauschern betrachtet die Ricke den Eindringling.

Hinweise zur Fototechnik

Alle Aufnahmen in diesem Buch entstanden mit Nikon Kameras und Objektiven von 20 mm bis 600 mm Brennweite. Als Hilfsmittel dienten Stative, Konverter, Zwischenringe, Blitz und Polarisationsfilter sowie Aufhellfolien. Als Filmmaterial kamen Kodachrome 64 und Fuji Sensia Diafilme zur Anwendung.
Alle Aufnahmen sind im Sinne einer sanften Naturfotografie entstanden — ohne Beeinträchtigung der Tiere und Pflanzen und ihrer Lebensräume. Einige Aufnahmen entstanden mit behördlicher Genehmigung.

Danksagung

Mein Dank gilt all denen, die am Entstehen dieses Buches mitgewirkt haben. Weiterhin bedanke ich mich bei allen, die mir bei verschiedenen Fotosituationen behilflich waren. Insbesondere Bärbel Pott-Dörfer und den Beamten des niedersächsischen Forstamtes Neuhaus.
Mein besonderer Dank gilt Angelika und Svenja.

Jürgen Borris

Hackelbergs Tod

Im ganzen Sollinger Walde
Regt sich kein Halm, kein Blatt;
Das Wild steht auf der Halde,
Ist ganz verdrossen und matt.
Rings in den grünen Hallen
kein Huf, kein Horn, kein Hund —
Der beste Jäger von allen
Will sterben in dieser Stund'.

Zu Freudenthal im Schlosse
Tät er die Wimper neigen,
hat all' seinen Kugeln verschossen,
Muß selbst an den blassen Reigen.
Ein Eber hat ihn geschlagen
Die Hauer in den Leib;
Herr Hackelberg kann's vertragen,
Er hat weder Kind noch Weib.

Wenn seine Geschwister schliefen,
Entwich er auf die Pirsch,
Wenn seine Lehrer ihn riefen,
Hetzt' er den Hund auf den Hirsch.
Klang abends auf den Straßen
Des Ständchens Melodie,
hat er im Wald geblasen
Einsam sein Halali.

Nun geht er auf Gottes Wegen
Dahin aus dieser Welt:
„Viel sind mir unterlegen,
Ein Stärkerer hat mich gefällt;
Emporgesträubt die Borste,
Wie mannlich sprang er dar!
Begrabt mich dort im Forste,
Wo die blutige Wahlstatt war.

Mit Menschen hielt ich Frieden,
Lebt' frommen Christen gleich —
Ich hoff', mir ist beschieden
Ein Teil vom Himmelreich.
Doch will ich dem entsagen,
Wenn Gott mir gönnen mag,
Im Solling hier zu jagen
Bis an den jüngsten Tag!"